高等院校海洋科学专业规划教材

海洋科学综合实习
（海洋生物方向）

Comprehensive Practice Instruction of Marine Science (Marine Biological)

黄志坚　宁曦◎编

内容提要

本书是针对海洋生物相关专业高年级本科生的野外实习、实践教学所编写的参考书。本书主要包括海洋生物资源调查和分析、海洋生物养殖调查和分析、海洋生物资源和养殖综合调查的基本方法和技术等三部分，围绕海洋生物学的主要基础知识内容，注重将课堂理论教学和实践教学环节紧密结合，让学生到生产企业或实习基地进行专业观摩并参与生产实践。本书可作为高等院校海洋科学专业海洋生物方向野外实习参考书，也可供相关学科人员参考使用。

图书在版编目（CIP）数据

海洋科学综合实习：海洋生物方向/黄志坚，宁曦编. —广州：中山大学出版社，2018.4

（高等院校海洋科学专业规划教材）

ISBN 978 - 7 - 306 - 06299 - 4

Ⅰ. ①海… Ⅱ. ①黄… ②宁… Ⅲ. ①海洋生物—教育实习—高等学校—教材 ②海水养殖—教育实习—高等学校—教材 Ⅳ. ①P745 - 45 ②S967 - 45

中国版本图书馆 CIP 数据核字（2018）第 031023 号

Haiyang Kexue Zonghe Shixi：Haiyang Shengwu Fangxiang

出 版 人：	徐　劲
策划编辑：	周　玢
责任编辑：	周　玢
封面设计：	林绵华
责任校对：	王　璞
责任技编：	何雅涛
出版发行：	中山大学出版社
电　　话：	编辑部 020 - 84110283，84111996，84111997，84113349
	发行部 020 - 84111998，84111981，84111160
地　　址：	广州市新港西路 135 号
邮　　编：	510275　　　　传　真：020 - 84036565
网　　址：	http：//www.zsup.com.cn　　E-mail：zdcbs@mail.sysu.edu.cn
印 刷 者：	佛山市浩文彩色印刷有限公司
规　　格：	787mm×1092mm　1/16　5.75 印张　84 千字
版次印次：	2018 年 4 月第 1 版　2018 年 4 月第 1 次印刷
定　　价：	22.00 元

版权所有　翻印必究　　如发现本书因印装质量影响阅读，请与出版社发行部联系调换

《高等院校海洋科学专业规划教材》
编审委员会

主　　任　陈省平　何建国

委　　员　（以姓氏笔画排序）

王江海　吕宝凤　刘　岚　孙晓明
杨清书　李　雁　来志刚　吴玉萍
吴加学　何建国　邹世春　陈省平
易梅生　罗一鸣　赵　俊　袁建平
贾良文　夏　斌　殷克东　栾天罡
郭长军　龚　骏　龚文平　翟　伟

总　序

海洋与国家安全和权益维护、人类生存与可持续发展、全球气候变化、油气与某些金属矿产等战略性资源保障等休戚相关。贯彻落实"海洋强国"建设和"一带一路"倡议，不仅需要高端人才的持续汇集，实现关键技术的突破和超越，而且需要培养一大批了解海洋知识、掌握海洋科技、精通海洋事务的卓越拔尖人才。

海洋科学涉及领域极为宽广，几乎涵盖了传统所熟知的"陆地学科"。当前海洋科学更加强调整体观、系统观的研究思路，从单一学科向多学科交叉融合的趋势发展十分明显。海洋科学本科人才培养中，如何解决"广博"与"专深"的关系，非常关键。基于此，我们本着"博学专长"理念，按"243"思路，构建"学科大类→专业方向→综合提升"专业课程体系。其中，学科大类板块设置基础和核心2类课程，以培养宽广知识面，掌握海洋科学理论基础和核心知识；专业方向板块从第四学期开始，按海洋生物、海洋地质、物理海洋和海洋化学4个方向，"四选一"分流，以掌握扎实的专业知识；综合提升板块设置选修课、实践课和毕业论文3个模块，以推动更自主、个性化、综合性的学习，养成专业素养。

相对于数学、物理学、化学、生物学、地质学等专业，海洋科学专业开办时间较短，教材积累相对欠缺，部分课程尚无正式教材，部分课程虽有教材但专业适用性不理想或知识内容较为陈旧。我们基于"243"课程体系，固化课程内容，建设海洋科学专业系列教材：一是引进、翻译和出版 Descriptive Physical Oceanography: An Introduction, 6 ed [《物理海洋学》（第6版）]、Chemical Oceanography, 4 ed [《化学海洋学》（第4版）]、

Biological Oceanography, 2 ed [《生物海洋学》（第 2 版）]、*Introduction to Satellite Oceanography*（《卫星海洋学》）等原版教材；二是编著、出版《海洋植物学》《海洋仪器分析》《海岸动力地貌学》《海洋地图与测量学》《海洋污染与毒理》《海洋气象学》《海洋观测技术》《海洋油气地质学》等理论课教材；三是编著、出版《海洋沉积动力学实验》《海洋化学实验》《海洋动物学实验》《海洋生态学实验》《海洋微生物学实验》《海洋科学专业实习》《海洋科学综合实习》等实验教材或实习指导书，预计最终将出版 40 余部系列性教材。

  教材建设是高校的基本建设，对于实现人才培养目标起着重要作用。在教育部、广东省和中山大学等教学质量工程项目的支持下，我们以教师为主体，及时地把本学科发展的新成果引入教材，并突出以学生为中心，使教学内容更具针对性和适用性。谨此对所有参与系列教材建设的教师和学生表示感谢。

  系列教材建设是一项长期持续的过程，我们致力于突出前沿性、科学性和适用性，并强调内容的衔接，以形成完整知识体系。

  因时间仓促，教材中难免有所不足和疏漏，敬请不吝指正。

《高等院校海洋科学专业规划教材》编审委员会

前　言

《海洋科学综合实习（海洋生物方向）》是针对海洋生物资源与环境方向高年级本科生野外认识实践教学所编写的参考书。本书注重将课堂理论教学和实践教学环节紧密结合，在课堂理论教学的基础上，让学生到生产企业或实验基地进行专业观摩并参与生产实践，使其对海洋生物养殖的生产环节、生产技术管理有全面而直观的了解，同时加深和巩固学生对基础理论知识的理解，培养和锻炼学生观察发现问题、分析问题和解决生产技术问题的能力，培养和提高学生的实践操作技能。

本书紧扣海洋科学专业综合实习海洋生物方向教学大纲，围绕海洋生物学的主要基础知识内容，将海洋生物学理论教学内容和实验实践课程内容紧密结合，注重将我校海洋生物学科研成果应用于海洋生物学野外实习教学，深入多家海洋生物养殖企业和单位，重点开展海洋生物资源和养殖综合调查的野外实习。本书主要规划了海洋生物资源调查和分析、海洋生物养殖调查和分析、海洋生物资源和养殖综合调查的基本方法和技术等三大部分内容。海洋生物资源调查和分析部分主要针对海洋藻类、海洋浮游动物、海洋底栖生物、海洋虾类、海洋蟹类、海洋软体动物、海洋鱼类、潮间带生物等进行资源调查和分析。海洋生物养殖调查和分析部分主要针对海洋鱼类、海洋对虾、海洋蟹类、海洋贝类等主要海水养殖品种进行养殖综合调查和分析。海洋生物资源和养殖综合调查的基本方法和技术主要介绍海洋生物资源和养殖综合调查中应用的技术和方法，包括水质检测、海洋生物样品采集、海洋生物样品分析、海洋生物样本制作等。本书图文并茂、通俗易懂，可作为高等院校海洋科学专业海洋生物方向野外实习的参考书，也可供相关学科人员参考使用。

  本书在编写和出版过程中，得到中山大学海洋科学学院相关领导和职能部门的大力支持，也得到了许多同行的建议和帮助。同时，本书参考和引用了一些学者的论著和成果，在此一并表示衷心的感谢。由于时间仓促，加之编者水平有限，不足之处在所难免，欢迎同行专家和广大读者多提宝贵意见，批评指正。

编　者

2017 年 11 月

目 录

第1章 绪论 ………………………………………………………… (1)
1.1 实习意义 ………………………………………………………… (3)
1.2 实习内容、目的与要求 ………………………………………… (3)
    1.2.1 实习内容 ………………………………………………… (3)
    1.2.2 实习目的 ………………………………………………… (4)
    1.2.3 实习的基本要求 ………………………………………… (4)
1.3 野外实习注意事项及成绩评定 ………………………………… (5)
    1.3.1 注意事项 ………………………………………………… (5)
    1.3.2 成绩评定 ………………………………………………… (6)

第2章 海洋生物资源调查和分析 ………………………………… (7)
2.1 海洋浮游生物资源调查和分析 ………………………………… (10)
    2.1.1 目的 ……………………………………………………… (10)
    2.1.2 内容 ……………………………………………………… (10)
    2.1.3 方法 ……………………………………………………… (10)
    2.1.4 样品采集 ………………………………………………… (11)
    2.1.5 海上记录 ………………………………………………… (11)
    2.1.6 活体样品的观察 ………………………………………… (11)
    2.1.7 样品的固定与分析 ……………………………………… (11)
2.2 海洋藻类资源调查和分析 ……………………………………… (12)
    2.2.1 采样点的设置 …………………………………………… (12)

  2.2.2 调查工具和试剂 …………………………………… (12)
  2.2.3 定性样品采集 ……………………………………… (12)
  2.2.4 定量样品采集 ……………………………………… (13)
  2.2.5 评价方法 …………………………………………… (14)
  2.2.6 浮游藻类组成分析 ………………………………… (15)
 2.3 海洋浮游动物资源调查和分析 ………………………………… (15)
  2.3.1 采样点的设置 ……………………………………… (15)
  2.3.2 调查工具和试剂 …………………………………… (15)
  2.3.3 浮游动物采样 ……………………………………… (15)
  2.3.4 样品处理 …………………………………………… (16)
  2.3.5 浮游动物定量 ……………………………………… (16)
  2.3.6 结果统计 …………………………………………… (16)
 2.4 海洋底栖生物资源调查和分析 ………………………………… (16)
  2.4.1 大型底栖生物资源调查 …………………………… (16)
  2.4.2 小型底栖生物资源调查 …………………………… (18)
 2.5 海洋软体动物和节肢动物资源调查和分析 …………………… (18)
  2.5.1 采样地点 …………………………………………… (18)
  2.5.2 珠海主要海洋软体动物、节肢动物资源调查和
     分析 ………………………………………………… (18)
 2.6 海洋鱼类资源调查和分析 ……………………………………… (21)
  2.6.1 鱼类与其他动物的主要区别 ……………………… (21)
  2.6.2 鱼类的外部形态 …………………………………… (21)
  2.6.3 鱼类的系统分类 …………………………………… (22)
  2.6.4 鱼类的基本体型 …………………………………… (22)
  2.6.5 鱼类的生物学特性 ………………………………… (22)
  2.6.6 海洋鱼类资源调查 ………………………………… (23)
  2.6.7 海洋鱼类生物学特性研究 ………………………… (23)
  2.6.8 海洋鱼类遗传多样性分析 ………………………… (23)

2.7　潮间带生物资源调查和分析 …………………………………… (24)
　　　　2.7.1　实习目的 ………………………………………………… (25)
　　　　2.7.2　实习内容 ………………………………………………… (25)
　　　　2.7.3　潮间带的特性 …………………………………………… (25)
　　　　2.7.4　潮间带的生态类型 ……………………………………… (26)
　　　　2.7.5　潮间带常见的生物 ……………………………………… (28)
　　　　2.7.6　潮间带生物的适应 ……………………………………… (29)

第3章　海洋生物养殖调查和分析 ……………………………………… (31)
　　3.1　对虾养殖调查和分析 …………………………………………… (34)
　　　　3.1.1　对虾主要养殖品种 ……………………………………… (34)
　　　　3.1.2　对虾养殖调查 …………………………………………… (35)
　　　　3.1.3　对虾养殖的主要模式 …………………………………… (35)
　　　　3.1.4　对虾养殖微生物微生态系统和生态防控 ……………… (36)
　　　　3.1.5　广东省和海南省对虾养殖状况调查 …………………… (36)
　　3.2　海洋鱼类养殖调查和分析 ……………………………………… (42)
　　　　3.2.1　海洋养殖鱼类主要种类 ………………………………… (42)
　　　　3.2.2　海洋鱼类养殖调查 ……………………………………… (43)
　　　　3.2.3　海水鱼类网箱养殖 ……………………………………… (43)
　　3.3　其他海洋生物资源养殖调查和分析 …………………………… (44)
　　　　3.3.1　珊瑚和珊瑚礁 …………………………………………… (44)
　　　　3.3.2　其他种类 ………………………………………………… (46)

第4章　海洋生物资源和养殖综合调查的基本方法和技术 …………… (47)
　　4.1　水质检测 ………………………………………………………… (49)
　　　　4.1.1　海水水质检测 …………………………………………… (49)
　　　　4.1.2　常见指标的检测 ………………………………………… (49)
　　　　4.1.3　水质检测试剂盒检测 …………………………………… (56)
　　　　4.1.4　YSI 仪器检测水质 ……………………………………… (56)

  4.1.5 全自动间断化学分析仪 CleverChem200 检测

    水质 ……………………………………………………（57）

 4.2 海洋生物样品分析 ………………………………………（57）

  4.2.1 海洋生物生物学特性综合研究 …………………（57）

  4.2.2 海洋动物遗传多样性研究 ………………………（58）

 4.3 海洋生物标本制作 ………………………………………（61）

  4.3.1 海藻 …………………………………………………（62）

  4.3.2 海绵动物 ……………………………………………（62）

  4.3.3 腔肠动物 ……………………………………………（62）

  4.3.4 水母类 ………………………………………………（63）

  4.3.5 海葵类 ………………………………………………（63）

  4.3.6 环节动物 ……………………………………………（63）

  4.3.7 软体动物 ……………………………………………（64）

  4.3.8 节肢动物 ……………………………………………（65）

  4.3.9 棘皮动物 ……………………………………………（65）

  4.3.10 脊索动物 …………………………………………（65）

  4.3.11 鱼类 ………………………………………………（66）

附录 ………………………………………………………………………（67）

 附录1 野外教学实习安全协议 ……………………………（69）

 附录2 野外实习用品准备 ……………………………………（70）

 附录3 野外实习记录表格 ……………………………………（71）

 附录4 海水相对密度与盐度换算表 …………………………（75）

 附录5 养殖调查表 ……………………………………………（76）

参考文献 …………………………………………………………………（77）

第1章 绪论

1.1　实习意义

海洋生物学是一门实践性很强的学科。海洋生物资源和养殖综合调查野外实习是海洋科学专业海洋生物方向本科生的专业必修课程，是继海洋生物理论教学和实验教学后，联系实际、深化课堂教学的重要环节。通过野外实习和实践，能进一步加深和巩固学生对基础理论知识的理解，培养和锻炼学生观察发现问题、分析问题和解决生产技术问题的能力，培养和提高学生的实践操作技能。

中山大学海洋科学学院根据本专业教学大纲的要求，开设海洋生物方向的野外实习课程，在教师指导下完成野外教学内容，主要开展海洋生物资源和养殖综合调查的野外实习，可具体了解和深入调查不同海洋生物资源和养殖现状，掌握野外海洋生物资源和养殖调查的基本技能，扩大专业及与专业相关的知识面，巩固和运用理论知识，锻炼观察、分析及解决问题的能力，增强创新意识，为今后的学习和深造奠定坚实的基础。

1.2　实习内容、目的与要求

1.2.1　实习内容

参观相关企业、公司和养殖单位，进行野外观察，标本采集、制作及鉴定，养殖调查，实地采样。

（1）调查和分析近海海洋生物资源种类、生物学特性。

（2）了解当前海洋生物资源的利用、开发现状及相关热点问题。

（3）了解海洋环境、海洋生物资源的热点问题，监测及管理的手段及方法。

(4) 掌握海洋生物标本采集和制作的方法和技术。

(5) 了解海洋生物养殖现状和进展。

(6) 掌握海洋生物养殖环境生态系统的特点和检测调控技术。

1.2.2　实习目的

野外教学实习是继理论教学和实验教学后，联系实际、深化课堂教学的重要环节。通过看、听、问及适当的动手，使学生了解海洋生物的多样性及海洋生物与环境的统一，了解不同海洋生物的生活习性，学会不同海洋生物标本的采集和制作。在课堂理论教学的基础上，让学生到生产企业或实验基地进行专业观摩并参与生产实践，对海洋生物养殖的生产环节、生产技术管理有全面而直观的了解，加深和巩固学生对基础理论知识的理解，培养和锻炼学生观察发现问题、分析问题和解决生产技术问题的能力，培养和提高学生的实践操作技能，为今后从事水产养殖技术工作奠定良好的基础。使学生具体了解和深入调查不同海洋生物的养殖现状，扩大专业及与专业相关的知识面，巩固和运用理论知识，锻炼观察、分析及解决问题的能力，增强创新意识，体验科技就是第一生产力，崇尚科学，激励学生学习。

1.2.3　实习的基本要求

(1) 实习之前和实习单位多次沟通，指导教师组织共同讨论，制订详细的野外实习教学方案和安排。

(2) 野外实习前进行实习动员，学生认真听取教师讲授，清晰了解实习的主要安排、任务，以及实习的注意事项。

(3) 实习以小组为单位进行，小组中每位同学都要积极参与每一项实习内容和过程，注意"笔、嘴、眼、手、心"结合，全面掌握和学习操作海洋生物资源和养殖综合调查的基本方法。

(4)野外实习过程中注重理论联系实际,注重动手能力和实践能力的锻炼。学生根据实习内容的安排,自己动手,运用专业知识调查了解海洋生物的资源和养殖情况。

(5)实习结束后每位同学提交一份实习总结报告。

1.3 野外实习注意事项及成绩评定

1.3.1 注意事项

(1)学生分组。学生根据实习内容和实习安排进行分组,每组确定组长,实行组长负责制。

(2)实习前,每个参加实习的学生均需签订实习安全承诺书。

(3)实习过程将严格按标准化程序管理,不能缺席,不能私自外出;制订合适的作息时间表,严守作息时间,不迟到、不早退。

(4)参加实习的学生要有不怕苦的精神,要保持身体状态良好,有过敏、心脏病史等特殊情况的同学要提前告知老师,做好防范。整个实习过程要做好防晒、防虫、防中暑等工作,学会保护自己,有不适现象出现要及时汇报和就医,以防身体隐疾产生的严重后果。要准备长裤、拖鞋等。外出要穿球鞋或登山鞋。

(5)学生自实习开始,必须严格遵守实习纪律,任何时间不得私自离开实习基地,否则将取消其实习成绩,停止其本年度实习,报学院同意后让其参加下年度(补)实习。

(6)各小组组长和组员检查相关设施、实习器材及用品等,如需补充请与相关老师联系。

(7)实习开始后,各小组组长要负责管理好本组的实习用具,配合老师完成相关实习事项,并提醒本组同学准时参加各项实习活动。

(8)学生须根据实习方案,提早准备和了解各项实习内容,积极参加实习各项工作，认真记录和观察，深入调查和了解，顺利完成各项实习任务。

（9）注意野外安全，尤其是在出海、进山的过程中要绝对注意安全。

（10）实习期间要绝对服从带队教师及实习指导教师的领导，一切行动听指挥。在校外期间，要始终保持当代大学生的形象，为学校争光。

学生必须保证在实习期间绝对注意安全！

1.3.2 成绩评定

学生的实习成绩由实习平时参加情况、小组演讲 PPT 及标本制作成绩、个人考试成绩、个人实习报告等总评而成。实习准备 30 分，实习过程 40 分，实习总结 30 分。

实习结束后，每位学生都要整理有关的调查内容，撰写一份详细的实习报告总结，鼓励开展专题研究和撰写相关实习论文。每个学生必须单独完成，抄袭、实习报告雷同的学生均不及格。

第 2 章 海洋生物资源调查和分析

主要在中山大学珠海校区、珠海唐家市场、朝阳市场、珠海鸡山、珠海渔女、水产养殖场等处进行海洋生物资源调查和分析。（见图2-1）

图2-1　海洋生物资源调查和分析场所

2.1 海洋浮游生物资源调查和分析

2.1.1 目的

查明海洋中浮游生物的种类组成、数量分布和变化规律，从而研究海洋生态系统的构成、物质循环和能量流动，为合理开发利用海洋资源、保护海洋环境提供基本资料。

2.1.2 内容

包括浮游植物的种类组成、数量分布以及浮游动物的生物量、种类组成和数量分布；调查内容还可分为定性和定量调查，前者是调查海区中浮游生物的种类组成和分布状况，后者是调查海区中浮游生物的数量、季节变化和昼夜垂直移动等，特别是海区优势种类的数量和分布状况的变化。

2.1.3 方法

调查方法有大面观测、断面观测和定点连续观测（昼夜连续观测）。

（1）大面观测时为了掌握海区浮游生物的水平分布及变化规律，以一定时间、一定距离，使用棋盘式或扇状式进行观测采集。包括分层采水和底表拖网。分层采水用于浮游植物调查、叶绿素浓度和初级生产力的测定，底表拖网通常用于浮游动物的采集。

（2）断面观测是为了掌握浮游生物垂直分布情况，在调查海区布设几条有代表性的观测断面，在每个断面上设若干个观测站进行采集。包括底表拖网、垂直分段拖网和分层采水等。

（3）定点连续观测是为了研究浮游生物的昼夜垂直移动，在调查海区布设若干有代表性的观测站，根据研究目的在观测站抛锚进行一日观测或多日连续观测。

2.1.4 样品采集

使用采水器和浮游生物网进行水样及浮游生物的采集。

2.1.5 海上记录

海上采集过程要按规定做好原始记录。记录内容包括站位号、海区、站位、水深、采样时间、采集项目、绳长、倾角、瓶号、采集及记录者姓名等。

2.1.6 活体样品的观察

样品收集后，一部分用于活体实验观察。将混合标本置于载玻片上或培养皿中，在显微镜或解剖镜下进行观察，注意各类浮游生物的体色、形态、运动形式等。

2.1.7 样品的固定与分析

收集后的样品除用于活体观察外，其余样品要立即杀死和固定。一般浮游植物每升水样用 6～8 mL 碘液固定，浮游动物用 5% 甲醛溶液固定。将固定好的标本在显微镜或解剖镜下进行分类鉴定。

2.2　海洋藻类资源调查和分析

2.2.1　采样点的设置

采样点设置在珠海近海海域（校内隐湖、鸡山、渔女等）、各个海洋生物养殖场养殖水体。以小组为单位采集样品。

2.2.2　调查工具和试剂

（1）采水器。
（2）浮游生物网。
定性样品采集（浮游植物、原生动物和轮虫等）采用25号浮游生物网（网孔0.064 mm）或PFU（聚氨酯泡沫塑料块）法，枝角类和挠足类等浮游动物采用13号浮游生物网（网孔0.112 mm）。
（3）透明度盘。
（4）标本瓶。
（5）固定液：鲁哥氏碘液（固定浮游植物）、甲醛（3%～5%，固定浮游动物）。

2.2.3　定性样品采集

采集浮游植物时，可用25#定性网在选定的采集样点上进行水平拖取。
在水库和中、小型湖泊采集时，可将定性网缚于船上，以慢速拖曳，时间一般为10～20 min。
如在坑塘等小水体中，可将定性网缚于长2 m的竹竿上，将网置于水中，使网口在水面以下深约50 cm处，做"∞"形反复拖曳，拖曳速度每秒为 20～30 cm，时间为 3～5 min。然后将网提起抖动，待水滤去后，打开集中杯，倒入贴有标签的标本瓶中。

如果采样点距离实验室较近，可将样品分装 2 瓶，1 瓶按 100 mL 样品加入 1.5 mL 鲁哥氏液的比例进行固定，也可用 4% 福尔马林液固定样品，留作日后进行属种鉴定，另一瓶不进行固定，带回实验室作活体观察之用。

2.2.4 定量样品采集

在各采样点用有机玻璃采水器按断面左、中、右 3 点进行定量样品的采集。在各采样点共计采水样 1000 mL，加入 15 mL 鲁哥氏液进行固定带回实验室，后浓缩至 30 mL，经充分摇匀，用定量吸管取 0.1 mL 注入计数框内，在显微镜下进行藻类计数。每个水样计数 3 片，并计算平均值。

1. 浮游植物样品

（1）所采水样摇匀后倒入沉淀器中静置，使浮游植物完全沉淀。

（2）沉淀是一种圆柱形分液漏斗。如无沉淀器也可用烧杯或在原水样瓶中静置沉淀。

（3）沉淀器应置于平稳处，避免摇动。水样倾入 2 小时后应将沉淀器轻轻旋转一会儿，以减少藻类附着在器壁的可能性，然后静置沉淀 24～48 h。

（4）再用乳胶管或橡皮管利用虹吸原理小心地抽出上部不含藻类的清液。一般剩下 20～40 mL 沉淀物转入 30 mL 或 50 mL 的定量瓶中，用上述清液冲洗沉淀器 2～3 次，洗液仍倒入定量瓶中，使水量恰好达到 30 mL 或 50 mL。

（5）然后贴上标签，标签上要记载采集时间、地点、采水量、池号和样品号等。

（6）虹吸动作要十分仔细、小心。开始时虹吸管一端放在沉淀器内约 2/3 处，另一端套接在已经用手挤压出空气的橡皮球上，然后轻轻松手并移开橡皮球使清液流出,为了避免漂浮在水面的一些微小藻类进入虹吸管而被吸走,管口应始终低于水面。虹吸管内清液的活动不宜过快,可用手指轻捏管壁以控制流量,当吸到原水样的 3/5 以上时,应使清液一滴一滴地流下。吸出的清液要用一洁净的器皿装盛,以便在浓缩过程出故障时,可重新倒入沉淀器中浓缩,而不必新采水。

2. 浮游植物定量

首先将计算瓶用左右平移的方式摇动 100～200 次,摇均匀后立即用 0.1 mL 吸管从中吸取 0.1 mL 置入 0.1 mL 计数框内,在 400～600 倍的显微镜下观察计数。

每个水样标本计数两次(二片),取其平均值,每片计数 100 个视野,但具体观察的视野数根据样品中浮游植物的多少而酌情增减,如果平均每个视野有十几个时,数 50 个视野就够了;如果平均每个视野有 5～6 个时,就要数 100 个视野;如果平均每个视野只有 1～2 个,就要数 200 个视野以上。

(1) 数横条,最少不少于 5 条,具体可自行掌握。

(2) 总之,不论数视野还是数横条,每片计数到的植物总数在低浓度时应达到 200 个以上,高浓度时应达到 500 个以上。

(3) 同一样品的二片计数结果与其均数之差距如果不大于其均数的 10%,这两个相近的值的均数即可视为计数结果。

2.2.5 评价方法

(1) Margalef 多样性指数:其公式为 $D = S - 1/\ln N$,其中 D 为群落物种丰富度,S 为群落的总数目,N 为观察到的个体总数。

(2) Shannon-wiener 生物多样性指数。

2.2.6 浮游藻类组成分析

将采得的水样倒入标本瓶中,加入鲁哥氏碘液进行固定带回实验室,在显微镜下进行浮游藻类的观察、鉴定分类。浮游藻类鉴定到种或属,其中优势种鉴定到种。用显微镜观察不同时期采集的水样,并用数码相机连接显微镜进行拍照,根据形态鉴定藻类的主要组成。

2.3 海洋浮游动物资源调查和分析

2.3.1 采样点的设置

采样点设置在珠海近海海域(校内隐湖、鸡山、渔女等)、各个海洋生物养殖场养殖水体。以小组为单位采集样品。

2.3.2 调查工具和试剂

(1)采水器。
(2)浮游生物网。
(3)透明度盘。
(4)标本瓶。
(5)固定液:鲁哥氏碘液(固定浮游植物)、甲醛(3%~5%,固定浮游动物)。

2.3.3 浮游动物采样

采集浮游动物的方法与上述浮游植物的采集方法相同。在网具方面,采集原生动物和轮虫可用25#定性网；但采集枝角类和桡足类，则应改用13#～18#的定性网捞取。

2.3.4 样品处理

（1）定性样品处理。
（2）定量样品处理。

2.3.5 浮游动物定量

参考浮游植物定量。

2.3.6 结果统计

定性结果，可按学名、拉丁名、分类地位、习性等进行描述。
定量结果，对于个体较大、数目较小的浮游动物可以"个/L"为单位进行统计；对于个体较小、数目较多的浮游动物，可称量其湿重并以"mg/L"为单位进行统计。

2.4 海洋底栖生物资源调查和分析

底栖生物分为大型底栖生物和小型底栖生物。

2.4.1 大型底栖生物资源调查

大型底栖生物的调查方法分为定量采泥和定性拖网两部分。
定量采泥是为了了解单位面积中有多少个或多少克底栖生物；定性拖

网应采样面积较大，能更好地了解底栖生物的种类组成和分布，是对定量采泥的补充。一般的海洋底栖生物调查都要求做定量采泥，有条件的可以做定性拖网。

1. 定量采泥

用的工具是采泥器，之所以是定量，是因为各种采泥器完全张开口的面积是一定的，如有 $0.25~m^2$、$0.1~m^2$、$0.05~m^2$ 等，也就是说，采泥器所采到的海底沉积物的表面积是一定的，提供分析这一定表面积沉积物中的底栖生物，就能知道该站位所采到的各种底栖生物的个体数和生物量（见表 2-1）。

海洋调查规范规定，在一个站位的采泥面积不少于 $0.2~m^2$。

表 2-1 选择采泥仪器及采样次数的条件

采泥器	适应区域	采样次数/站位
$0.1~m^2$	近岸浅水调查	1
$0.25~m^2$	大洋调查	2
$0.05~m^2$	港湾调查	4

使用采泥器将沉积物采上后的下一步工作是分选，即过筛子。分选大型底栖生物的筛子的网孔孔径是 0.5 mm。将泥样放入筛子中，然后用海水慢慢冲洗，直至海水变清，也就是说小于 0.5 mm 的颗粒已经全部漏下筛子，这时应将留在筛子上的标本及渣滓全部收集，装入广口瓶中，加固定液保存。回到陆地实验室后，在解剖镜下将渣滓中的标本全部拣出，然后进行分类鉴定。

2. 定性拖网

可根据调查的目的要求和对各站深度与底质性质等的预先了解来选择适宜的网具。

2.4.2 小型底栖生物资源调查

1. 定量取样

使用内径 2.6 cm（根据底质类型不同，孔径有变化）的有机玻璃管，在采上沉积物样品的箱式采泥器中，插管取样，称为取分样或再取样。

2. 定性取样

在采上沉积物样品的箱式采泥器中，刮取表面适量的沉积物，作为定性样品。

2.5 海洋软体动物和节肢动物资源调查和分析

2.5.1 采样地点

采样地点在珠海唐家市场、朝阳市场、各大型养殖场。

2.5.2 珠海主要海洋软体动物、节肢动物资源调查和分析

1. 采样调查

在朝阳市场和唐家市场实地采样、现场采访、样品现场采集和固定保存［取组织放入 EP 管（离心管）中，用液氮或酒精保存］。

2. 调查内容

主要调查市场海洋软体动物（主要是贝类、螺类）和海洋节肢动物

（主要是虾类、蟹类）等的品种、名称、数量、每天供应时间、季节特点、捕捞或养殖品种、资源状况、市场行情等，认真记录调查结果。

3. 海洋软体动物资源调查调查和分析

（1）海洋软体动物简介。

软体动物种类繁多，生活范围极广，海水、淡水和陆地均有产出。已记载的种类有11.5万余种，是动物界中仅次于节肢动物的第二大类群。本类动物体外大都覆盖有各式各样的贝壳，故通常又称之为贝类。

软体动物身体柔软，分为头、足和内脏团等几部分，有由外套膜分泌物质形成的贝壳，这是软体动物的标志性形态特征。大部分种类为海产。

软体动物门的主要特征：动物身体柔软，不分节或假分节，通常由头、足、躯干（内脏团）、外套膜和贝壳五部分构成。除瓣鳃纲外，口腔内有颚片和齿舌，次生体腔极度退化，发育可分为担轮幼虫期和面盘幼虫期。

软体动物门包括无板纲、单板纲、多板纲、腹足纲、掘足纲、双壳纲、头足纲等。

（2）海洋软体动物生物学特性研究。生物学指标测定：壳高、壳长、壳宽等性状，称量，记录。

（3）海洋软体动物的观察和解剖。结合所学知识，仔细观察提供的活体标本外形特征，解剖观察内部结构和特征。掌握不同种类的特点，区别不同的种类。

4. 海洋节肢动物资源调查和分析

节肢动物是动物界中种类最多、数量最大、分布最广的一门动物。包括我们熟知的虾、蟹、昆虫、蜘蛛，以及蚊、蝇、螨等，据记载，现存约100多万种，约占动物界的80%以上。有些种类个体的数目十分惊人。它们的生活环境极其广泛，从几千米的深海到高山的峰尖，从陆地到空中，从淡水、海水至土中、沙漠等各种环境，甚至动植物的体内都有它们的踪迹，但真正海生的种类则不多，仅占少数。

本门动物的最大特点是体外被有一层几丁质的外壳，体分节（异律分节），体侧一般都有附肢，而且附肢也分节，故名节肢动物。

（1）海洋节肢动物的特点。体外被有一层几丁质的甲壳（即外骨骼）、体明显分节（称异律分节）、各体节具附肢，而且附肢也分节、发育过程常有变态、生长过程常有蜕皮。

（2）海洋节肢动物种类。

海洋虾类主要包括口足目、磷虾目、糠虾目、端足目、十足目等，十足目又包括对虾派、真虾派、猥虾派等。常见种类有口虾蛄（濑尿虾）、钩虾、中华管鞭虾、墨吉对虾、宽沟对虾、斑节对虾（草虾）、长毛对虾、日本对虾、凡纳滨对虾（南美白对虾）、刀额新对虾、鹰爪虾、哈氏仿对虾、须赤虾、中国毛虾、鼓虾、日本沼虾、罗氏沼虾等。

海洋蟹类主要包括爬行亚目，爬行亚目包括龙虾派、螯虾派、异尾派、短尾派，短尾派包括蛙蟹亚派、尖口亚派、绵蟹亚派、尖额亚派、方额亚派，方额亚派包括梭子蟹科、扇蟹科、长脚蟹科、束腰蟹科、华溪蟹科、豆蟹科、沙蟹科、和尚蟹科、方蟹科，梭子蟹科包括圆趾蟹属、青蟹属、梭子蟹属、蟳属、短桨蟹属。主要种类有蛙蟹、绵蟹、东方人面蟹、关公蟹、遁形长臂蟹、玉蟹、筒状飞轮蟹、卷曲馒头蟹、逍遥馒头蟹、乳斑虎头蟹、红线黎明蟹、红点黎明蟹、四齿矶蟹、马面蟹属、蜘蛛蟹、棱蟹、锯缘青蟹、三疣梭子蟹、远海梭子蟹、红星梭子蟹、日本蟳、斑纹蟳、锈斑蟳、钝齿蟳、扇蟹、瓢蟹、台湾束腰蟹、云南华溪蟹、日本大眼蟹、白短大眼蟹、掌痕沙蟹、沙蟹、招潮蟹、无齿相手蟹、天津厚蟹、中华绒螯蟹等。

（3）海洋节肢动物生物学特性研究。主要包括形态研究、生长研究、年龄研究、繁殖研究、食性研究等。

1）海洋生物生物学测定。测定体长、体重、性别、性腺成熟度、食性、年龄等。

2）海洋生物形态学研究（外部形态、内部解剖结构分析）。

（4）海洋节肢动物形态观察和内部结构观察。

认真观察海洋节肢动物的形态和内部结构，完整分离海洋节肢动物一侧附肢，识别海洋节肢动物内部各组织器官。

2.6 海洋鱼类资源调查和分析

纳尔逊（Nelson）在 *Fishes of the World*（1994年）一书中记录了24618种鱼，其中圆口鱼类84种，软骨鱼类846种，硬骨鱼类23772种，海水鱼14652种，淡水鱼9966种。据《中国鱼类系统检索》（1978年）一书记载，我国有2813种鱼类，隶属于43个目，282科，1077属。其中圆口纲4种，软骨鱼纲162种，硬骨鱼纲2665种。但该书出版以后，各地又发现了一些新种，故目前我国有记载的鱼类约3000种，其中淡水鱼约800种，其余为海水鱼类。全世界已发现的鱼类有30100种（据Fishbase统计），其中海洋鱼类约28400种。我国已有报道的海洋鱼类约3200种。

鱼类通常是指终生生活在水中、大多数具有鳞片、用鳃呼吸、用鳍作为运动器官的变温性脊椎动物。狭义上说只包括软骨鱼类和硬骨鱼类。

2.6.1 鱼类与其他动物的主要区别

（1）具有能活动的上、下颌。
（2）具有成对的附肢（胸、腹鳍）。
（3）以脊柱代替脊索，脊椎的脊体的为双凹型。
（4）终生以鳃呼吸。
（5）大多数种类有鳞片。
（6）终生生活在水中。

2.6.2 鱼类的外部形态

主要包括体型、外部区分、头部器官、鳍、鳞片等。

2.6.3 鱼类的系统分类

现存的鱼类主要分为软骨鱼类和硬骨鱼类。在进化上，软骨鱼类出现得比硬骨鱼类早。进化顺序依次为：原始无颌类—软骨鱼类—软骨硬鳞鱼类—硬骨硬鳞鱼类—真骨鱼类。

主要包括三个亚纲：全头亚纲、板鳃亚纲、辐鳍亚纲。

2.6.4 鱼类的基本体型

大致上可分为五类：纺锤型、侧扁型、扁平型、鳗形或棒形、其他型。

2.6.5 鱼类的生物学特性

（1）常见鱼类的外形。
（2）鱼类外部形态测量项目。

10 m 以下的标本均以 mm 为计算单位，10 m 以上者以 cm 为计算单位。

主要测量全长、体长或标准长、叉长、头长、吻长、眼径、眼间距、眼后头长、口裂长、口长、躯干长、体高、体宽、尾部长、尾柄长、尾柄高、尾鳍长等。

（3）鱼类的口形。

硬骨鱼类口的位置和形状变化较大，依口的位置和上下颌长短，可分为上位口、下位口及端位口 3 种基本口型。

（4）鱼类的鳍（fin）。

鱼类的鳍（fin）通常分布在躯干部和尾部，是鱼体运动和维持身体平衡的主要器官。

鱼类的鳍可分为奇鳍和偶鳍两大类。奇鳍不成对，位于体之正中，包括背鳍、臀鳍和尾鳍。偶鳍均成对存在，位于身体两侧，包括胸鳍和腹鳍。除了上述5种鳍以外，有些种类还具小鳍（副鳍）或脂鳍。

（5）鱼类内部结构观察。

2.6.6 海洋鱼类资源调查

分站设点，根据各江段的鱼类出现的频率（以往记录的渔场）建立标本采集点。采取定点定时为主、面上零星抽样调查为辅的采样方法获取渔获物并对渔获物的组成进行分析，依据相关表格记录并分析数据。设计与现有的渔具、捕鱼方法等内容相关的问卷调查（设计问卷调查表）。渔业生产的调查包括：现在捕获量的调查，以往的资源状况的了解，野生鱼类天然种苗的资源状况调查，现存的饵料生物量与鱼产力，主要经济鱼类的生产力分析，以往传统的产卵场的变化情况，根据有关海洋鱼类资源调查方法的标准设计科学合理的调查方案和工作计划。

2.6.7 海洋鱼类生物学特性研究

采集鱼类及鉴定；鱼类年龄与生长、繁殖和食性的鉴定、分析；可量可数性状的记录；记录渔获物各种鱼类的体长、体重、空壳重、肠长、性别、性腺成熟度等数据，渔获物组成及生物学性状，采集部分种类胃含物及性腺。

2.6.8 海洋鱼类遗传多样性分析

根据鱼类资源特征性及经济、生态代表性类型选择重点的经济鱼类，开展遗传背景的分析和研究。参照现有鱼类种质标准列举的项目，包括物种的名称、图片、分类地位、形态特征、生态特性、重要生理、生化与遗传数据、分子标记等，构建鱼类遗传信息库。以mtDNA（线粒体基因组）D-loop基因等作为分子标记，比较不同地理群体及个体间的核苷酸序列，检测核苷酸突变位点、单倍型，比较不同群体的遗传多样性高低；计算遗传多样性参数，构建 UPGMA（非加权组平均法）和 NJ（邻接法）分子系统树；确定不同群体的亲缘关系和遗传多态性状况，为开展遗传育种工作提供科学的依据。

2.7 潮间带生物资源调查和分析

鸡山潮间带生物资源调查场景见图 2-2。

图 2-2 鸡山潮间带生物资源调查

2.7.1 实习目的

(1) 了解潮间带的特点和海洋生物的生态类群。
(2) 学习潮间带海洋生物分类的基本方法及常见种类的识别。

2.7.2 实习内容

(1) 考察几种类型的潮间带。
(2) 进行潮间带海洋生物包括潮间带底栖生物（包括固着生物、周丛生物、底埋生物、钻蚀生物、水底爬行和水底游泳生物）、漂浮生物（包括软体动物、腔肠动物、棘皮动物等）和游泳生物（包括鱼、虾）的生活习性、生态习性与分布，以及潮间带海洋生物与环境的关系等方面的调查。
(3) 学习潮间带海洋生物分类的基本方法及常见种类的识别。
(4) 学习潮间带海洋生物的标本制作技术。

2.7.3 潮间带的特性

高潮位与低潮位之间的岸滩称为潮间带。潮间带受潮汐的影响，每天会有两次被海水淹没，也有两次会暴露在空气中。生活在海边潮间带的各种生物，必须具备某些特殊的本领，去适应这种海陆剧变的环境，才能生生不息地繁衍下去。

1. 潮汐

在某特定时间内，海平面呈周期性且可预测的涨落潮称为潮汐。这是影响潮间带生物最重要的因素。造成潮汐的原因相当复杂，由太阳及月球的引力、地球的地心引力或动力与地球自转离心力的向量合力所造成，再加上依各地海底地形及风力之不同而略有不同。

潮汐对海洋生物最大的影响，主要看退潮后生物暴露在空气中的时间长短，以及当时气温的高低。这两个因素不但可决定生物是否会脱水干燥而死，也决定海洋生物可在水中摄食的时间长短。

一般而言，潮汐常有规律性，故许多沿岸生物在生理、生殖行为上都会有节律性的现象。

2. 温度

大洋之中的水温相当稳定，而潮间带地区水温变化则十分剧烈，而且常超过生物高温能容忍的范围。这些生物可能不会立即死亡，但它们的体质会变弱，更易受到其他因子的二次伤害。

3. 波浪

波浪对海洋生物的影响分为两方面：一是机械式的冲击或冲刷力，可剥离或冲走许多固生或栖身在潮间带的生物，甚至可改变沙石海岸的地形与生物分布；二是波浪可延伸潮间带的范围，使潮间带的生物可分布到更上缘的碎波以及增加溶氧。

4. 盐度

盐度变化对生物的影响来自两方面：一是低潮时下大雨，使潮间带特别是潮池的海水剧降；二是白天低潮时间，水分蒸发快而使潮池中海水盐度剧增。

2.7.4 潮间带的生态类型

潮间带区分为五大类。

1. 潮上带

本区除了飞溅的海浪可到达外，其余是极干燥地带。对海洋生物而言，环境相当恶劣。本区生物种类不多，比较能适应陆上的生活环境，可以不必经常回到海里，但在生殖产卵季节时其活动仍需在海水中进行，如海蟑螂。

2. 潮池

退潮后，在低潮线以上积水的小池称为潮池。它的面积有大有小、深浅不一。越接近潮下带的潮池，里面的生物也就越丰富。潮池的生物必须忍受每日温度和含氧量的巨大变化，甚至日晒所造成的高盐度，或者降雨过多所引起的低盐度。

本区分布着许多亚潮带的藻类、海胆、海参、稚鱼及虾虎鱼等。

3. 沙泥滩

沙泥滩的环境对许多种生物来说是相当不容易生存的场所，强力的波浪和阳光的热力让生物无法久留在地表，所以栖息在这里的生物都具有挖掘的能力，或者将自己深埋在沙泥里，等待潮水来临时再出洞口觅食。

居住在本区的生物有文蛤、象牙贝以及招潮蟹等。

4. 砾石滩

本区底质是由玄武岩砾石堆、卵石块或珊瑚碎枝残骸所形成，每一颗石头都可以被海浪翻动。

因此，除了藻类外，大多数生物都躲藏在石头底下，其中不乏夜行性的虾蟹以及贝类，尤其是许多数量丰富的螺类。

5. 礁岩岸

礁岩岸是由坚硬稳定的底质所构成的海岸，因表面崎岖复杂，生物体必须具备很强的附着本领，以防被强浪冲走，因而大型生物种类最为丰富。

本区以藻类、甲壳类动物以及底栖性贝类较为常见。

2.7.5 潮间带常见的生物

1. 藻类

一般大型海藻简称为海藻，包括蓝绿藻、绿藻、褐藻和红藻等四大藻类。其中以红藻居多。主要以珊瑚藻科、海膜藻科、龙须菜科为主。在绿藻中主要有石莼、肠浒苔、牡丹菜、松藻等。褐藻则有褐舌藻、南方团扇藻、囊藻、马尾藻等。

主要常见种类有条浒苔、石莼、叶马尾藻、南方团扇藻、囊藻、辐毛藻、卵叶盐藻、树枝软骨藻、绳龙须菜、石花菜、粉叶马尾藻、牡丹菜、浪花藻、长枝沙菜、龙须菜、钝顶叉节藻等。

2. 甲壳类

包括虾、蟹、寄居蟹、藤壶、虾姑以及海蟑螂等。在潮间带最常见种以和尚蟹、沙蟹、扇蟹、梭子蟹和方蟹类别为主。

主要常见种类有短趾和尚蟹、弧边招潮蟹、大眼沙蟹、方蟹、红螯相手蟹、太平洋蝉蟹、胜利黎明蟹、钝齿短桨蟹、三疣梭子蟹、豆形拳蟹、锯缘青蟹、三刺鲎、海蟑螂、枪虾等。

3. 贝类

生活在潮间带常见的类别有笠螺、青螺、钟螺、岩螺、芋螺、章鱼、牡蛎、帘蛤、魁蛤等，其中不乏经济性食用贝类。

主要常见种类有网纹藤壶、龟爪藤壶、藤壶、牡蛎、黑齿牡蛎、文蛤、鲍鱼、牛蹄钟螺、长竹蛏、珠螺、蛎岩螺、蜑螺、龟甲笠螺、魁蛤、三角管象牙贝、花松螺、星笠螺、玉米螺、玉螺、方斑东风螺、唐冠织纹螺、海瓜子（帘蛤）、大驼石鳖、翡翠贻贝、魁蚶、沙钱等。

4. 棘皮动物类

包括海胆、海参、海星、海百合等种类。在潮间带常见种有黄疣海参、荡皮参、黑海参、飞白枫海星、黑栉蛇尾、梅氏长海胆等,至于最具经济价值的马粪海胆已非常少见了。

常见种类主要有海胆、海星、海百合、海参、阳遂足海星等。

5. 鱼类

在潮间带生活的种类极少。大都留在潮池里,由于潮池有大有小,实在很难区别真正归属潮间带的种类;一般以体型较小的虾虎鱼较为常见,至于大型鱼类都是留在潮池里或人造的石墩里。

常见种类主要有弹涂鱼、虾虎鱼、双线鳚等。

6. 其他动物

包括软海绵、海葵、光缨虫、海兔、石磺、方格星虫等种类。

2.7.6 潮间带生物的适应

潮间带的生物为了适应此区环境的剧变,它们的身体组织也演变出一套生存之道。

1. 抗旱

可动性的动物防止离水时水分减少的最简单方法就是躲入阴暗潮湿的洞穴、缝隙或草丛中,它们可以自行选择最适合的小地方。固生性的海藻则只有借助身体组织的高耐旱性,等到下次潮水来时再迅速吸水复原。固生性动物如藤壶,通过在低潮时紧闭壳来保住水分;海葵及水螅则会分泌黏液来防止水分散失;在泥沙地的潮间带生物则多半钻入地下的管穴中。

2. 热平衡

潮间带生物在极热和极冷的环境中也有行为和构造上的特殊适应。由于潮间带的温度变化多半接近生物的致死高温，所以生物体所发展的热平衡机制常常是为了抗热。如贝壳上的凹凸皱纹可增加散热的表面积，越靠近潮上带的贝壳其凹凸皱纹也越多；相反，越靠近潮下带的贝类其壳就越光滑。

3. 机械性冲击

为防止波浪的冲刷，藤壶、牡蛎及管虫均固生于底质上，海藻则以固定器固着，红胡魁蛤则以足丝固着，方蟹之身体平扁等均为有效减低波浪冲击的策略。

4. 呼吸

潮间带的动物在退潮缺水时，为降低耗氧量，它的生理活动也会趋于静止而以此降低气体交换速率。另外，为了保护薄弱易干燥的呼吸器官——鳃，贝类会将鳃隐藏在外套腔内；鱼类（弹涂鱼）的呼吸器官除了鳃部，还有微血管密布的口咽腔，甚至它的皮肤也有呼吸功能。

5. 摄食

日行性岩礁岸动物多半在涨潮有水淹没时主动觅食，包括啃食性、滤食性、腐食型及掠食性动物；而在砂泥底质中生活的生物，因底质富含水分，在退潮后亦会觅食；夜行性动物在夜间低潮时也可活动。

第 3 章 海洋生物养殖调查和分析

在国内大型水产养殖公司和企业开展海洋生物养殖调查，这些大型水产养殖公司和企业主要有海南文诚实业有限公司、海南中正水产科技有限公司、海南省昌江南疆生物技术有限公司、海南省海洋与渔业科学院、海南省陵水县新村渔民协会、湛江恒兴南方海洋科技有限公司（广东恒兴饲料实业股份有限公司）、广东冠利海洋生物有限责任公司、广东海大集团股份有限公司等野外教学实习单位。（见图3-1）

图3-1　各个大型水产养殖公司的养殖池

3.1 对虾养殖调查和分析

对虾养殖池见图 3-2。

图 3-2 对虾养殖池

3.1.1 对虾主要养殖品种

我国的对虾种类较多,有中国对虾、日本对虾、斑节对虾、长毛对虾、墨吉对虾、宽沟对虾、短沟对虾、沟甲对虾、缘沟对虾、红斑对虾及少量的印度对虾等,主要养殖对虾种类有中国对虾、日本对虾、斑节对虾、长毛对虾、墨吉对虾等。凡纳滨对虾(南美白对虾)是目前养殖最多的对虾品种。

3.1.2 对虾养殖调查

通过参观国内大型对虾养殖场和企业，主要了解对虾养殖现状、生产存在的主要问题和今后的发展趋势；对虾养殖的规模、不同养殖模式和主要的养殖品种；对虾养殖的主要生产环节，对虾养殖生产技术管理的基本方法；对虾的人工育苗技术，包括良种选育技术路线和技术措施、亲虾强化培育、藻类培养、虾苗培育的主要生产设施及功能、主要生产环节及关键技术，育苗厂的亲虾强化培育车间、藻类培养车间和工厂化对虾育苗车间；对虾的人工养殖技术，包括在对虾养殖场实地参观对虾高位池养殖，了解对虾高产养殖的生产环节及技术，养殖场对虾养殖的基本情况，包括市场价格、技术管理以及常见病害的防治方法等；对虾养殖管理，包括亲虾选育、苗种培育、水质调控、藻类培养和调控、病害防控、饲料、微生物、生态防控等；对虾养殖的基本操作技能；对虾加工；等等。

主要调查对虾养殖状况（养殖调查表、记录）、水质、养殖藻类、病害、微生态制剂使用、健康养殖模式等。

（1）养殖场概况。
（2）养殖场调查：养殖状况调查（填写有关调查表）。
（3）养殖面积测量。
（4）水质检测。
（5）藻类检测和调查。
（6）微生物制剂调查。
（7）病害检测和调查。
（8）饲料营养调查。

3.1.3 对虾养殖的主要模式

对虾养殖的主要模式有生物絮团养虾模式、高位池养殖模式、土池养殖模式、工厂化养殖模式等。

3.1.4　对虾养殖微生物微生态系统和生态防控

对虾养殖生态系统包括气候因子、养殖水体各理化因子、水体藻类、水体浮游动物、水体微生物、对虾消化道微生物、底泥微生物等。对虾养殖生态防控技术已成为对虾健康养殖的发展方向。

3.1.5　广东省和海南省对虾养殖状况调查

广东海洋资源十分丰富，远洋和近海捕捞以及海洋网箱养鱼和沿海养殖的牡蛎虾类等海洋水产品年产量达 374 万吨；海水养殖可养面积 77.57 万公顷，实际海水养殖面积 20.82 万公顷；雷州半岛的养殖海水珍珠产量位于中国首位。

广东省是全国水产养殖的第一大省，海岸线和海洋产业总产值都位居全国第一，水产养殖业近 30 年来发展迅猛，成为广东省农业的重要支柱产业，出口创汇额在农业内部各产业中排第一位。对虾、罗非鱼、石斑鱼、军曹鱼和珍珠贝等是广东水产养殖的主导品种，产量均居全国第一。

海南省位于中国南端，是中国国土面积（陆地面积加海洋面积）第一大省，海南经济特区是中国最大的省级经济特区和唯一的省级经济特区，海南岛是仅次于台湾岛的中国第二大岛。海南的海洋水产资源具有海洋渔场广、品种多、生长快和渔汛期长等特点，是中国发展热带海洋渔业的理想之地。全省海洋渔场面积近 3000 万公顷，可供养殖的沿海滩涂面积 2.57 万公顷。海洋水产有 800 余种，鱼类就有 600 多种，主要的海洋经济鱼类有 40 多种。许多珍贵的海特产品种已在浅海养殖，可供人工养殖的浅海滩涂约 2.5 万多公顷，养殖的经济价值较高的鱼、虾、贝、藻类等 20 多种。

海南省是华南地区对虾产业的主产区，对虾养殖在海南省水产养殖中占有非常重要的地位。21 世纪以来，海南省对虾产业发展迅猛，在 2013 年，养殖面积为 0.8 万公顷，占海水产养殖总面积的 55%，养殖产量约 12 万吨，约占海水产养殖总产量的50%。

海南的对虾养殖模式有高位池精养、低位池封闭或半封闭养殖等模式。由于对虾养殖病害的流行，对虾养殖模式不断创新，鱼虾混养模式和对虾工厂化养殖模式将是发展的重点。近年来，人们逐渐认识到养殖的生态效益对于减轻环境污染的重要性，其中，鱼、虾混养模式逐渐发展起来，已经成为水产养殖业发展的一种趋势。

1. 海南文诚实业有限公司养殖调查

海南文诚实业有限公司位于海南省儋州市光村镇屯积村，面积5.778公顷，产量2000吨。主要的养殖品种是南美白对虾，采用的是高位池养殖模式，应用生物絮团模式在防止疾病上取得了较大的成功，能做到不换水、不使用抗生素、保证高产。（见图3-3）

图3-3 海南文诚实业有限公司的对虾养殖池

生物絮团是养殖水体中以好氧微生物为主体的有机体和无机物，经生物絮凝形成的团聚物，由细菌、浮游动植物、有机碎屑和一些无机物质相互絮凝组成。通过操控水体营养结构，向水体中添加有机碳物质，调节水体中的 C/N 比（水质中碳元素与氮元素的比值），促进水体中异养细菌的繁殖，利用微生物同化无机氮，将水体中的氨氮等养殖代谢产物转化成细菌自身成分，并且通过细菌絮凝成颗粒物质被养殖动物所摄食，起到维持水环境稳定、减少换水量、提高养殖成活率、增加产量和降低饲料系数等作用。这项技术被认为是解决水产养殖产业发展所面临的环境制约和饲料成本的有效替代技术。

2. 海南中正水产科技有限公司养殖调查

海南中正水产科技有限公司是一家集科研、开发、生产、销售及技术服务为一体的科技型企业，有繁育水体 25000 多立方米。该公司主要经营正大南美白对虾种苗，年生产销售能力为 SPF 对虾（不带有特定病原的南美白对虾）幼体 300 亿尾，种苗 80 亿尾。公司硬件生产设施先进，配套充足的水处理池和完善先进的水质处理设备，以及严格科学的水质处理系统，保障了健康、稳定的水体。公司建有严格的质量控制体系，严把质量关，实验检测设备有对虾病毒 PCR（聚合酶链反应）检测系统，同时还采用检测方便快捷的核酸检测仪，实时监测弧菌量，全程监控生产过程，确保产品达到 SPF 品质。（见图 3-4、图 3-5）

图 3-4　海南中正水产科技有限公司

图 3-5 南海中正水产科技有限公司基地总平面规划

3. 海南昌江南疆生物技术有限公司

海南昌江南疆生物技术有限公司是一个集对虾良种选育、对虾育苗、无公害对虾养殖、饲料药品经营、水产品深加工等产业为一体的现代水产企业。目前在板桥基地主要进行"科海一号"的选育与虾苗育种，在基地内采用高位池养殖模式养殖南美白对虾、斑节对虾和日本囊对虾。（见图3-6）

图 3-6 海南昌江南疆生物技术有限公司的对虾养殖池

4. 湛江恒兴南方海洋科技有限公司（广东恒兴饲料实业股份有限公司）

湛江恒兴南方海洋科技有限公司（广东恒兴饲料实业股份有限公司）是一家集饲料产销、种苗繁育、微生态制剂及兽药、进出口贸易于一体的民营企业。该公司主要从事"中兴1号"的选育和虾苗的培育销售。（见图3－7）

图3－7 湛江恒兴南方海洋科技有限公司

5. 广东冠利海洋生物有限责任公司

广东冠利海洋生物有限责任公司有约 466.67 公顷的对虾养殖基地，是广东省重点农业龙头企业。主要养殖的品种为南美白对虾、斑节对虾和锯缘青蟹，其中南美白对虾采用生物防控——鱼虾混养模式，混养鱼类主要为罗非鱼、草鱼、埃及塘虱和斑点叉尾鮰。（见图 3-8）

图 3-8　广东冠利海洋生物有限责任公司

6. 广东海大集团股份有限公司莲溪基地

广东海大集团股份有限公司（以下简称"海大集团"）是一家集研发、生产和销售水产饲料、畜禽饲料和水产饲料预混料以及健康养殖为主营业务的高科技型上市公司，以"科技兴农，改变农村现状"为神圣使命，以水产预混料、水产和畜禽配合饲料为主营产品，向广大养户提供养殖全过程的技术服务。海大集团已经实现了在全国重点水产养殖区域的生产和销售，在全国拥有近 40 家下属公司和 6 个中试基地。（见图 3-9）

其莲溪基地位于珠海市斗门区莲溪镇大沙地。该基地的主要功能是培养人才和验证产品。该基地立志成为"养虾行业的黄埔军校"。

图 3-9　广东海大集团股份有限公司

3.2　海洋鱼类养殖调查和分析

3.2.1　海洋养殖鱼类主要种类

我国海水鱼养殖的种类有：鲻鱼、梭鱼、遮目鱼、大弹涂鱼、蓝子鱼、黑鲷、黄鳍鲷、花鲈、尖吻鲈、中华乌塘鳢、大黄鱼、美国红鱼、石斑鱼、海鳗、河豚、牙鲆、大菱鲆、真鲷等。海水鱼的养殖模式主要有港养、池塘养殖、海水网箱养殖、工厂化养殖、浅海网围养等。（见图 3-10）

图 3-10 鱼类网箱养殖与工厂养殖

3.2.2 海洋鱼类养殖调查

（1）养殖场概况。
（2）养殖场调查：养殖状况调查（填写有关调查表）。
（3）养殖面积测量。
（4）水质检测。
（5）藻类检测和调查。
（6）微生物制剂调查。
（7）病害检测和调查。
（8）饲料和营养调查（饲料添加剂）。
（9）鱼类肠道微生物、益生菌等。

3.2.3 海水鱼类网箱养殖

海南省陵水县新村渔民协会是新村镇成立的第一家渔民专业合作社，主要进行深水网箱养殖。（见图 3-11）

图 3-11　鱼类网箱养殖情况

网箱养鱼是将池塘密放精养技术运用到环境条件优越的较大水面而取得高产的一种高度集约化的养殖方式。抗风浪深水网箱，是指设置在水深 15 m 以上的较深海域，养殖容量在 1500 m^3 以上的大型网箱，具有较强的抗风、抗浪、抗海流能力，一般由框架、网衣、锚泊、附件等 4 部分组成。升降式深水网箱还具有升降设施。适合放置在半开放海域或受季节性台风影响较小的海域进行养殖，根据客户需求，网箱周长为 40～120 m，网深 6～30 m，而且强度高、柔性好、耐腐蚀、抗老化、抗风浪能力强、使用年限长、有效养殖水体大、效率高、综合成本低、污染小、水质优、鱼类死亡率低、鱼产品品质好、效益好、回报高，可进行高密度养殖。

主要养殖石斑鱼（包括龙趸、老虎斑以及红斑、星斑）；在离海岸较远的网箱中，主要的养殖品种为卵形鲳鲹（俗称金鲳）和鲷科鱼类。

3.3　其他海洋生物资源养殖调查和分析

3.3.1　珊瑚和珊瑚礁

广东省徐闻珊瑚礁国家级自然保护区管理局收藏有 120 种珊瑚，是当今国内收藏珊瑚最多的地方。珊瑚的分类是根据珊瑚杯的大小和杯与杯之间的隔片间距多少划分的，珊瑚的食物主要是浮游生物与桡足类。珊瑚有两种珊瑚亚纲，是根据珊瑚触手的个数划分的：六放珊瑚亚纲是指触手为六或六的倍数的珊瑚，而八放珊瑚亚纲则为有且只有八个触手的珊瑚。其中六放一般为造礁珊瑚，八放一般为非造礁珊瑚，也叫软珊瑚。珊瑚的生殖包含了生物界所有的生殖方式，含有性生殖与无性生殖，其中无性生殖又包含出芽生殖、断裂生殖（柳珊瑚）与分裂生殖。珊瑚的形状有团块型、分支型与表覆型。（见图3-12）

图3-12 徐闻珊瑚礁国家级自然保护区的珊瑚标本

3.3.2 其他种类

海南省海洋与渔业科学院在海洋渔业和海岛资源调查、对虾繁育和养殖、珍珠贝繁育和养殖、鲍鱼人工孵化和养殖、鱼类人工育苗、方斑东风螺人工繁育和养殖、江蓠和麒麟菜养殖、水产病害检测和防治、水产养殖新技术新模式、无公害水产品养殖示范、海洋产业发展规划、行业标准制定研究以及渔业实用技术培训等方面成绩显著。（见图3-13）

基地品种的主要选育方式为杂交。方斑东风螺主要是依靠不同地理间的优势品种进行杂交育种获得新的优良品种。而虾的育种也是通过杂交获得，海南的本土品种生长速度慢、抗逆性强，泰国的本土品种生长速度快、抗病性强，通过正反杂交，以及通过分子标记检测技术，希望获得生长速度快、抗病性强的新品种。

a—砗磲；b—寄居蟹；c—珊瑚

图3-13 海南省海洋与渔业科学院的研究对象

第 4 章 海洋生物资源和养殖综合调查的基本方法和技术

4.1 水质检测

4.1.1 海水水质检测

参考中华人民共和国国家标准 GB 17378.4—2007《海洋监测规范 第4部分：海水分析》。

海水水体理化因子是海水养殖、海水环境检测和保护的重要指标，可及时获得海洋区域水体实时、动态、连续的水质数据，可对海水养殖和海洋环境流域进行长期实时监测和预警预报。适用于大洋、近海、河口及咸淡水混合水域，可用于海洋环境监测，常规水质监测，近岸浅水区环境污染调查监测，以及海洋倾废、赤潮和海洋污染事故的应急专项调查监测、与海洋有关的海洋环境调查监测。

常见指标的测定（37项）：汞、铜、铅、镉、锌、总铬、砷、硒、油类、双对氯苯基三氯乙烷（DDT）、六氯环乙烷（六六六）、活性硅酸盐、硫化物、挥发性酚、氰化物、水色、透明度、阴离子洗涤剂、嗅和味、水温、pH、悬浮物、氯化物、盐度、浑浊度、溶解氧、化学需氧量、生物需氧量、总有机碳、无机氮、氨、亚硝酸盐、硝酸盐、无机磷、总磷、总氮、镍。

4.1.2 常见指标的检测

1. 硫化物测定

常用亚甲基蓝分光光度法。本法适用于大洋、近岸、河口水体中硫化物浓度为 10 μg/L 以下的水体。

方法原理：水样中的硫化物同盐酸反应，生成的硫化氢随氮气进入乙酸锌－乙酸钠混合溶液中被吸收，吸收液中的硫离子在酸性条件和三价铁离子存在条件下，同对氨基二甲基苯胺二盐酸盐反应生成亚甲基蓝，在650 nm 波长测定其吸光值。

离子选择电极法，适用于大洋近岸海水中硫化物的测定。

2. 水色－比色法

本法适用于大洋、近岸海水水色的测定。本法为仲裁法。

方法原理：海水水色是指位于透明度值一半的深度处，白色透明度盘上锁显现的海水颜色，水色的观测只在白天进行。观测地点应选择在背阳光处。观测时应避免船只排出污水的影响。

水色根据水色计目测确定，水色计是由蓝色、黄色、褐色三种溶液按一定比例配成的 22 支不同色级，分别密封在 22 支内径 8 mm、长 100 mm 无色玻璃管内，置于敷有白色衬里两开的盒中。

观测方法：观测透明度后，将透明度盘提到透明度值一半的水层，根据透明度盘上所呈现的海水颜色，在水色计中找出与之最相似的色级号码，并记入表中。

注意事项：观测时水色计内的玻璃管应与观测者的视线垂直；水色计必须保存在阴暗干燥处，切忌日光照射，以免褪色。每次观测结束后，应将水色计擦净并装在里红外黑的布套里；使用的水色计在 6 个月内至少应与标准水色计校准 1 次，如发现褪色现象，应及时更换。作为校准用的标准水色计，平时应始终装在里红外黑的布套里，并保存在阴暗干燥处。

3. 水温

（1）表层水温表方法。

本方法为仲裁方法。表层水温表用于测量海洋、湖泊、河流、水库等的表层水温度。

（2）颠倒温度表法。

颠倒温度表用以测量表层以下水温。颠倒温度表分为测量海水温度的闭端颠倒温度表和测量海水深度及温度的开端颠倒温度表。

4. pH

本方法适用于大洋和近岸海水 pH（氢离子浓度指数）的测定，水样采集后，应在 6 h 内测定。如果加入 1 滴氯化汞溶液，盖好瓶盖，允许保存 2 d。水的色度、浑浊度、胶体微粒、游离氯、氧化剂、还原剂以及较高的含盐量等干扰都较小，当 pH 大于 9.5 时，大量的钠离子会引起很大误差，读数偏低。

比较 pH 试纸检测、pH 快速检测试剂盒、PHS-3C 型精密 pH 计检测 3 种 pH 值检测方法检测 3 种不同水体的结果。

5. 悬浮物－重量法

本方法适用于河口、港湾和大洋水体中悬浮物质的测定。

方法原理：一定体积的水样通过 0.45 μm 的滤膜，称量留在滤膜上的的悬浮物质的重量，计算水中的悬浮物质浓度。

6. 盐度

盐度计法适用于在陆地或船上实验室中测量海水样品的盐度。（见图 4－1）

图 4－1　几种盐度计

（1）比重计检测。

海水比重与盐度的关系可用下列经验公式换算：

测定时水温（t）高于 17.5 ℃时：S（‰）＝1.305（比重－1）＋0.3

($t - 17.5$)。

测定时水温（t）低于 17.5 ℃时：S（‰）= 1.305（比重 - 1）- 0.2（17.5 - t）。

波美比重计读数与盐度换算式为：S（L）= 144.3 ÷（144.3 - 波美读数）。

（2）手持折射仪测定盐度。

手持式折射仪是根据不同浓度的液体具有不同的折射率这一原理设计而成的，是一种用于测量液体浓度的精密光学仪器，具有操作简单、携带方便、使用便捷、测量液少、准确迅速等特点，是科学研究、机械加工、化工检测、食品加工及海水养殖的必备仪器。

产品结构包括：折光棱镜、盖板、校准螺栓、光学系统管路、目镜（视度调节环）。

使用步骤：①将折光棱镜对准光亮方向，调节目镜视度环，直到标线清晰为止。②调整基准。测定前首先使用标准液（有零刻度的为纯净水，量程起点不是零刻度的，得使用对应的标准液）、仪器及待测液体基于同一温度。掀开盖板，然后取 2～3 滴标准液滴于折光棱镜上，并用手轻轻按压平盖板，通过目镜看到一条蓝白分界线。旋转校准螺栓使目镜视场中的蓝白分界线与基准线重合（0%）。③测量。用柔软绒布擦净棱镜表面及盖板，掀开盖板，取 2～3 滴被测溶液滴于折光棱镜上，盖上盖板轻轻按压平，里面不要有气泡，然后通过目镜读取蓝白分界线的相对刻度，即为被测液体的含量。④测量完毕后，直接用潮湿绒布擦干净棱镜表面及盖板上的附着物，待干燥后，妥善保存起来。

7. 浑浊度

（1）浊度计法。

本方法适用于近海海域和大洋水浊度的测定。本法规定 1 L 纯水中含高岭土 1 mg 的浊度为 1°。水样中具有迅速下沉的碎屑及粗大沉淀物都可被测定为浊度。

方法原理：以一定光束照射水样，其透射光的强度与无浊纯水透射光的强度相比较而定值。

（2）目视比浊法。

本方法适用于近海海域和大洋水浊度的测定。本法规定 1 L 纯水中含高岭土 1 mg 的浊度为 1°。水样中具有迅速下沉的碎屑及粗大沉淀物都可被测定为浊度。

方法原理：浊度与透视度成反比关系，水样与标准系列进行透视度比测，定值。

（3）分光光度法。

本方法适用于近海海域和大洋水浊度的测定。水样中具有迅速下沉的碎屑及粗大沉淀物都可被测定为浊度。

方法原理：投射水样的光束，可被悬浊颗粒散射和吸收而削减，光的消减量与浊度成正相关。测定透过水样光量的消减量，与标准系列相比较而定值。

8. 溶解氧–碘量法

本方法适用于大洋和近岸海水及河水、河口水溶解氧的测定。

方法原理：水样中溶解氧与氧化锰和氢氧化钠反应，生产高价锰棕色沉淀。加酸溶解后，在碘离子存在下即释出溶解氧含量相当的游离碘，然后用碘代硫酸钠标准溶液滴定游离碘，换算溶解氧含量。

9. 化学需氧量–碱性高锰酸钾法

本方法适用于大洋和近岸海水及河口水化学需氧量（COD）的测定。

方法原理：在碱性加热条件下，用已知量并且是过量的高锰酸钾，氧化海水中的需氧物质，然后在硫酸酸性条件下，用碘化钾还原过量的高锰酸钾和二氧化锰，所生成的游离碘用硫代硫酸钠标准溶液滴定。

10. 生物需氧量

（1）五日培养法（BOD_5）。

本法适用于海水的生化需氧量的测定。

方法原理：水体中有机物在微生物降解的生物化学过程中，消耗水中溶解氧。用碘量法测定培养前和后两者溶解氧含量之差，即为生化需氧量，以氧的含量（mg/L）计。培养五天为五日生化需氧量（BOD）。水中有机质越多，生物降解需氧量也越多，一般水中溶解氧有限，因此，须用氧饱和的蒸馏水稀释。为提高测定的准确度，培养后减少的溶解氧要求占培养前溶解氧的40%～70%为适宜。

（2）两日培养法（BOD_2）。

除培养温度和培养时间不同外，其他均与五日生化需氧量相同。

培养温度：30 ℃ ±0.5 ℃，培养时间：2 d。

计算：$BOD_2^{30} \times K = BOD_5^{20}$

式中：

BOD_2^{30}——在30 ℃时，两日生化需氧量；

BOD_5^{20}——在20 ℃时，五日生化需氧量；

K——根据各海域具体情况由实验确定的系数，建议用数值1.17。

11. 总有机碳

（1）总有机碳仪器法。

本方法适用于海水中总有机碳（TOC）的测定。

方法原理：海水样品经进样器自动进入总碳（TC）燃烧管（装有白金触媒，温度680 ℃）中，通入高纯空气将样品中含碳有机物氧化为CO_2后，由非色散红外检测器定量。然后同一水样自动注入无机碳（IC）反应器（装有25%磷酸溶液）中，于常温下酸化无机碳酸盐所生产CO_2，由非色散红外检测器检定出IC含量，由TC减去IC即得TOC含量。

（2）过硫酸钾氧化法。

本法适用于河口、近岸以及大海洋水中溶解有机碳的测定。

方法原理：海水样品经酸化通氮气除去无机碳后，用过硫酸钾将有机碳氧化生成二氧化碳气体，用非色散红外二氧化碳气体分析仪测定。

12. 无机氮

无机氮的化合物种类很多，本实验所指的无机氮仅包括氨氮、亚硝酸盐氮、硝酸盐氮的总和。

（1）氨氮。

1）靛酚蓝分光光度法。

本方法适用于大洋和近岸海水及河口水。

方法原理：在弱碱性介质中，以硝酸酰铁氰化钠为催化剂，氨与苯酚和次氯酸反应生成靛酚蓝，在 640 nm 处测定吸光值。

2）次氯酸盐氧化法。

本法适用于大洋和近岸海水及河口水中氨-氮的测定。本法不适用于污染较重、含有机物较多的养殖水体。

方法原理：在碱性介质中次溴酸盐将氨氧化为亚硝酸盐，然后以重氮-偶氮分光光度法测亚硝酸盐氮的总量，扣除原有亚硝酸盐氮的浓度，得到氨氮的浓度。

（2）亚硝酸盐-萘乙二胺分光光度法。

本法适用于海水及河口水中亚硝酸盐氮的测定。

方法原理：在酸性介质中亚硝酸盐与磺胺进行重氮化反应，其产物再与盐酸萘乙二胺偶合生产红色偶氮燃料，于 543 nm 波长测定吸光值。

（3）硝酸盐。

镉柱还原法。

本法适用于大洋和近岸海水、河口水中硝酸盐氮的测定。

方法原理：水样通过镉还原柱，将硝酸盐定量地还原为亚硝酸盐，然后按重氮-偶氮光度法测定亚硝酸盐氮的总量，扣除原有亚硝酸盐氮，得到硝酸盐氮的含量。

13. 无机磷

磷酸蓝分光光度法。本法适用于海水中活性磷酸盐的测定。

方法原理：在酸性介质中，火星磷酸盐与钼酸铵反应生产磷钼黄，用抗坏血酸还原为磷钼蓝后,于 882 nm 波长处测定吸光值。

4.1.3 水质检测试剂盒检测

按照试剂盒说明书检测各水样的氨氮、亚硝酸盐、溶氧、钙镁、总碱度、总硬度等指标。

4.1.4 YSI 仪器检测水质

YSI 仪器见图 4-2。

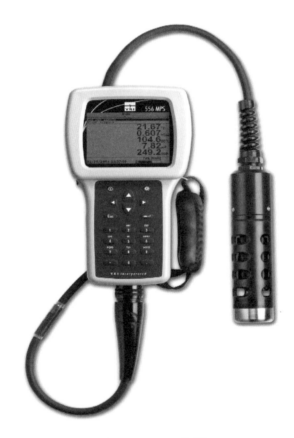

图 4-2 YSI 仪器

4.1.5 全自动间断化学分析仪 CleverChem200 检测水质

全自动间断化学分析仪 CleverChem200 见图 4-3。

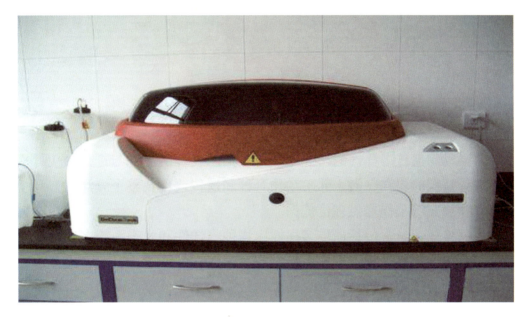

图 4-3 全自动间断化学分析仪 CleverChem200

4.2 海洋生物样品分析

4.2.1 海洋生物生物学特性综合研究

全面掌握不同海洋动物的生物学特性研究方法。

海洋动物（鱼、虾、螺、贝、蟹等）生物学特性研究包括：形态研究、生长研究、年龄研究、繁殖研究、食性研究等。

(1) 海洋生物生物学测定：体长、体重、性别、性腺成熟度、食性、年龄等。

(2) 海洋生物形态学研究：外部形态、内部解剖结构分析。

(3) 生长研究。

(4) 年龄研究。

(5) 繁殖研究。

(6) 食性研究。

4.2.2 海洋动物遗传多样性研究

海洋动物遗传多样性的研究不仅可以揭示物种的起源与进化历史，而且为遗传资源的保存、海水养殖动物育种和遗传改良及整个海洋生态环境的修复和稳定等工作提供理论依据。

生物多样性通常包括遗传多样性、物种多样性和生态系统多样性三个水平。遗传多样性是物种多样性和生态系统多样性的基础，也是生命进化和物种分化的基础，更是评价自然生物资源的重要依据。因为一个物种的消失首先就是遗传多样性的降低，一个物种或群体的繁盛则常伴以遗传多样性的增加和稳定，而一个物种的兴衰又常决定整个群落或生态系统的演替行为。

发掘和利用海洋动物基因资源是对其遗传多样性研究的最终目的之一。对基因资源的利用大体可分为两种形式：一种是不加修饰地直接利用野生型，另一种则是采用转基因、染色体工程、杂交及选择育种等方式对基因修饰后的利用。无论采用哪种方式，首先都需要合适的遗传标记（genetic markers）来明确地反映遗传多态性的生物特征。随着生物学技术的快速发展，遗传标记的种类已经逐渐从形态学、细胞遗传学、生物化学发展到分子生物学领域。由于遗传信息储存在细胞器和细胞核基因组的DNA（脱氧核糖核酸）序列中，故DNA水平的遗传多样性就显得格外引人注目。特别是20世纪80年代初，DNA分子标记技术的出现和飞速发展，加上近年来人类基因组计划的完成和相关生物基因组计划的开展，为遗传多样性的检测和研究提供了更丰富的手段和信息，加快了海洋动物遗传多样性研究的步伐。海洋动物遗传多样性研究中常用的 DNA 多态性标记与陆上和淡水生物的基本类似，主要包括：限制性内切酶片段长度多态性（restriction fragment length polymorphism，RFLP）、随机扩增多态性 DNA（random amplified polymorphic DNA，RAPD）、扩增片段长度多态性（amplified fragment length polymorphism，AFLP）、微卫星 DNA（microsatellite DNA）、表达序列标签（express sequence tag，EST）、单链构象多态性（single strand conformational polymorphism，SSCP），以及建立在测序基础上的线粒体 DNA（mitochondrial DNA，mtDNA）和单核苷酸多态性（single nucleartide polymorphism，SNP）等。

1. 海洋鱼类

鱼类遗传多样性研究最初基于同工酶标记。但是，同工酶标记数有限、检测效率低，而且只能反映基因组编码区的表达信息，因此，随着分子标记技术的长足发展，同工酶逐渐被各种 DNA 分子标记所取代。这些分子标记为鱼类遗传多样性的研究提供了技术保障，在鱼类种质资源、种间及种群间杂交、染色体操作及遗传连锁图谱构建等方面得到了广泛应用。

2. 海洋甲壳动物

近年来，随着人工繁殖技术的大力推广、小群体繁殖、过量的捕捞及水域环境的污染，我国海洋甲壳类尤其是虾蟹类资源严重退化。因此，研究它们的遗传多样性，对保护虾蟹类种质资源和保证养殖业的健康发展有重要意义。目前各种遗传标记技术已经迅速渗透到海洋甲壳动物遗传多样性的相关研究中，并在种质资源、种群分化、系统进化和分子育种方面得到了广泛应用。

3. 海洋贝类

贝类作为我国重要的海水养殖对象，在海水养殖业中长期占主导地位，经济贝类的增养殖已经成为海洋可再生资源产业中的支柱性产业。国际上对海洋贝类遗传多样性的研究始于20世纪70年代，主要根据外部形态和同工酶的变异对遗传多样性水平进行评估。我国贝类遗传多样性的研究总体来说开展得较迟，20世纪80年代起才逐渐开始了对珠母贝、牡蛎、扇贝、蛤、泥蚶、贻贝、鲍等经济贝类遗传多样性的研究。近年来，随着分子生物学技术的不断发展，我国海洋经济贝类的遗传多样性研究也逐步深入，获得的成果为海洋生物分类、贝类系统进化和种质鉴定、群体遗传变异与分化、遗传多样性保护、优良品种的标记辅助选育提供了重要参考。

近10年来，分子生物技术的突飞猛进将海洋动物的遗传多样性研究推向了新的发展阶段。一系列分子遗传标记方法的涌现，使得人们能够从DNA水平更直接准确地获得更丰富的遗传信息。纵观目前所使用的分子标记，还都因为这样或者那样的原因，使得其使用或者标记背景等方面存在着缺陷，因此，需要挖掘多态性、稳定性更高，适用性更强，又比较容易操作、成本较低的共显性标记。而就目前来讲，遗传多样性的研究仍将基于多种遗传标记的综合分析。我们国家海洋动物遗传多样性的研究已经开展了几十年，相关应用也取得了一定的进展，甚至获得了一些国际领先的研究成果。但总体来说，目前对海洋生物遗传多样性的研究还处于认识阶段，研究成果与海洋生物资源的保存、开发和利用的结合亦有待进一步加强。今后将围绕着海洋动物的幼体鉴定、系统发育和进化，经济物种的遗传资源和种质退化以及抗逆、抗病、生长快优良品种培育等方面开展针对性研究。近几年来，国内外已先后启动了一系列海洋动物如大西洋鲑、半滑舌鳎、大黄鱼、石斑鱼、牙鲆、中国明对虾、长牡蛎、栉孔扇贝、海胆等的全基因组测序计划。随之产生的比较基因组学、蛋白组学等研究成果将更有助于全面了解和掌握我国海洋动物的种质资源状况。还将进一步构建更多物种的遗传连锁图谱，海洋动物基因也将被批量地发掘出来，越来越多的基因及其调控网络也会被解析出来，通过对其中关键主导基因的筛选、鉴定和功能分析，以及与其经济性状连锁的分析，获得更多的分子标记，并进行定位，从而建立分子标记辅助育种技术，加快优良种质的创制和培育,促进海水养殖业的健康发展,实现海洋生物资源的保护、合理开发和可持续利用。

4.3 海洋生物标本制作

生物标本制作是一门科学和艺术相结合的独特技艺。现在的标本制作,更是基于技术的、科学与艺术结合的专门技术。生物标本制作始于英国,有300余年历史。近代中国的生物标本制作技术分别从欧洲和日本传入后,形成"南唐北刘"两派。生物标本制作多服务于自然类博物馆、生物学研究机构、学会和学校生物系。近代中国的生物标本制作技术属于传统标本制作范畴。

海洋生物种类繁多,仅就无脊椎动物而言,不同的动物种类,其标本制作和处理的方法亦不相同。(见图4-4)

图4-4 海洋生物标本

4.3.1　海藻

先将采得的海藻放入淡水中用自来水清洗干净,除去泥沙和污物,然后放入盛有淡水的瓷盘中,将一张比海藻稍大的台纸轻轻插入水底,托住海藻。此时用解剖针、镊子根据海藻生态状况在台纸上把它伸展开,接着小心地把台纸连同海藻一起从水中托出。托出之后,在海藻上面盖 1 层纱布,再把它们一起夹在吸水纸中间进行压制,吸水纸每日更换 1 次,直至标本压干为止。最后将纱布轻轻揭下即可。制好的标本可装入玻璃镜框中。

4.3.2　海绵动物

将采得的海绵动物用清水(海水)洗净后,立即放入 80% 的酒精中固定,24 h 内移入 70% 的酒精中保存。若不能马上放入酒精中固定,也不宜放置过久,否则会皱缩,失去原来的形状。另外,海绵动物不宜用福尔马林液保存,因为石灰质的骨针易被福尔马林中的有机酸腐蚀。海绵动物标本除可浸制外,还可以干制将海绵洗净,用水浸泡 1~2 h 后,移入 70% 的酒精中泡 24 h,然后晒干,保存。

4.3.3　腔肠动物

水母和海葵分别为腔肠动物中两种不同生活类型的代表,水母属自由游泳类型,海葵则为固着生活型。它们都具弥散式神经,只要身体一点受到外界刺激,立即全身收缩,所以在将其固定前要对其进行麻醉处理。处理水母需先用 1% 的硫酸镁麻醉 30 min 左右,待其不再收缩时,移入 10% 的福尔马林液中杀死,然后放入 5% 的福尔马林液中保存。

海葵则需用清水洗净,放入盛有干净海水的容器中,让其充分伸展开来,宛如一朵盛开的菊花。此时用注射器沿容器边缘徐徐注入 3% 的薄荷脑酒精溶液 5～10 mL。30 min 后，再沿容器壁注入 5～10 mL 硫酸镁饱和液，此后每 30 min 加 1 次硫酸镁饱和液。待用镊子夹触海葵的触手而海葵没有反应时即为麻醉好了。这时把 30% 的福尔马林液从其口注入肠腔中，然后放入 5% 的福尔马林液中保存即可。在此要强调一点，麻醉动物时一定要有耐心，否则便会导致失败。

4.3.4 水母类

采集到完整水母后，先将其置于装有新鲜海水的容器中静置，待其恢复自然状态后，以 1% 的硫酸镁液麻醉，约 20 min 后，动物不再运动时，用 7% 的福尔马林液将其杀死，然后移入 5% 的福尔马林液中保存。

4.3.5 海葵类

海葵喜固着生活，采集时最好连石块一起敲下，然后置于盛海水的容器中。待海葵触手全部伸展时，先用薄荷脑对其缓缓进行麻醉（薄荷脑用纱布包成黄豆大小）。3～5 h 后，轻触其身体不再收缩时，即用 40% 的硫酸镁饱和液对准海葵口喷入几次。20～30 min 后，再用 5%～7% 的福尔马林溶液将其杀死。2～3 h 后移入 5% 的福尔马林液中保存。

4.3.6 环节动物

沙蚕标本也需经麻醉处理，否则它会扭卷或折断，失去原来的形状。处理方法：将沙蚕放入盛有海水的瓷盘中，逐渐加入淡水或滴入福尔马林，几小时后动物快要死亡，此时用 7% 的福尔马林液固定 24 h，然后移入 5% 的福尔马林液中保存。

4.3.7 软体动物

海产软体动物种类繁多,生活类型也各不相同。软体动物可以浸制,也可干制。干制标本多限于贝壳的种类,如虎斑宝贝、卵螺和红螺等,可将它们放入淡水中杀死,任凭其肉体腐烂。数日后,将腐肉冲洗干净,晾干即可获得干制标本。若制作浸制标本,则需要麻醉,待动物的触角、腹足外露后不再收缩,即可放入70%的酒精中保存。乌贼等头足类动物可将其放入淡水中杀死,洗净污物,进行整形,如乌贼的捕食腕需拉出来,然后投入5%的福尔马林或70%的酒精液中保存。

不同的贝类,其贝壳的大小、形态、条纹、花色均有差异。因此,在贝类分类学上贝壳的形态是最常见、最重要的分类依据之一。在制作贝类标本时,有干制和浸制标本之分。

1. 干制标本的制作

制作贝类干制标本有沙埋和水煮两种方法。

(1)沙埋法。除去内脏团,取其石灰质外壳作为标本保存。将采集到的贝类置于沙中掩埋,待其完全腐烂后,取出,用清水冲尽污物,晾干即可保存。

(2)水煮法。有的贝类为海鲜品,本身有很高的食用价值。如毛蚶、泥蚶、扇贝、贻贝、珍珠贝、江珧等,在制作干制标本时,首先用水煮熟,食用肉质部分后,将贝壳洗净即可。

2. 浸制标本的制作

将采集到的贝类标本置入盛海水的容器中,待其充分伸展后,用硫酸镁液麻醉3 h,倒出海水,用10%的福尔马林液将其杀死,8 h后,移入5%的福尔马林液中保存。

4.3.8 节肢动物

海洋中节肢动物的种类也很多,它们的标本也有浸制与干制两种。大型的虾、蟹、鲎等均可干制,方法是将10%的福尔马林注入动物体内,接着放入10%的福尔马林液中浸泡6~10 h,最后晾晒干燥即可。浸制方法:先将动物放入淡水麻醉杀死后,再整形放入70%的酒精中保存,为防止标本肢体酥脆,最好加入几滴甘油。

对于蟹类来说,将采集的蟹放在一口大玻璃瓶中,用脱脂棉蘸少许氯仿或乙醚放入,紧塞瓶盖,麻醉30 min后,投入10%福尔马林固定液中保存。切忌直接投入固定液中,否则会出现切肢现象。

4.3.9 棘皮动物

海参在固定前要先麻醉。将采来的海参放入盛有海水的容器中培养几日,待其触手和身体完全伸展开后,在水面上撒入薄荷脑,再加入少量硫酸镁。用解剖针触动其触手不再收缩时,即可保存于70%的酒精中。海星标本的制作方法亦与此相同。一些海胆类动物可先放入淡水中麻醉,后放入酒精中固定保存。固定时可在背面或腹侧穿一小孔,使酒精很快浸入海胆内部。另外海胆和海星亦可制成干制标本,程序是先把动物整形,然后放入10%福尔马林液中浸泡6~10 h,晒干即可。

4.3.10 脊索动物

制作柱头虫标本,需先将其放入海水中培养,待其将腹内泥沙排出,然后用淡水麻醉放入70%酒精液中。海鞘采来后,先用清水洗净,放入海水中让它舒展开,待其出、入水孔张开后,即投入薄荷脑进行麻醉。当出、入水孔不再并合时,即可用福尔马林液保存之。

文昌鱼标本的浸制很简单,可将其清洗干净后,直接投入70%酒精或

5%的福尔马林液中保存。

4.3.11 鱼类

鱼类的浸制标本制作较简单，先用清水将其体表泥沙、黏液以及口腔、鳃清洗干净，将其鳍棘、鳍条伸开，放入10%福尔马林液中保存即可。这种标本只限于较小的鱼类，若是体长几米乃至十余米长的大型鱼类，则需制作剥制标本了。

制作剥制标本的程序如下：先将鱼的体长、全长、最大体围和最小体围等必要数据测量记录好，然后绘出制作图。这些工作结束后，再将鱼腹朝上，用刀沿腹部正中线切开，把鱼皮细心剥下，除去眼球和鳃，待鱼皮和肉体分离后，再进一步精工剔除皮上的肉、脂，将鱼皮置于70%的酒精中浸泡数日。在此期间，着手用木板、木条根据测得的数据和制作草图制作比鱼体稍小的假体。假体制成后，为使其软硬度适宜，需在假体外敷以稻草，外面再披上麻袋片。最后将鱼皮从酒精中取出，在鱼皮内面涂以防腐剂（配方：亚砷酸 500 g，肥皂 1500 g，樟脑 30 g），用水调好，慢火煮沸，呈糊状即可使用，接着将其披到假体上缝合，并进行形态整理，将各鳍拍平理好，用木板夹住固定一段时间。待干后去掉木板，将玻璃眼安装在眼窝内，即可完工。

附录 1 野外教学实习安全协议

中山大学海洋科学学院学生野外教学实习安全协议

中山大学海洋科学学院按照教学实习计划组织海洋生物资源和养殖综合调查野外实习教学实践。按照实习大纲组织实施实习内容，安排实习教师和管理人员，安排实习期间的交通、食宿，制定实习安全的相关规定和纪律，负责实习期间对学生的安全教育和管理，购买相关的意外伤害保险，保证实习过程正常有序进行。

参加中山大学海洋科学学院野外教学实习的学生，必须愿意服从中山大学海洋科学学院关于野外实习教学的有关规定，认真完成规定学习任务，自觉遵守中山大学海洋科学学院教学实习的各项规定和纪律。不擅自离队活动；不私自到海滨、河流、水库、水塘等地方游泳；不吸烟、不喝酒；不私自购买食用不洁食品；不滋事；不在公路逗留；不擅自捕捉和玩耍毒蛇；乘车、住宿和实习过程中注意自我保护和防范并服从指导教师安排，不做违反实习纪律的事。如果因学生本人违反有关规定和纪律，造成的一切后果由学生本人负责。

中山大学海洋科学学院　　　　　　　学生（签字）：
负责人（签章）：
201　年　月　日　　　　　　　　　　201　年　月　日

附录 2 野外实习用品准备

野外实习物品

序号	名称	数量	序号	名称	数量
1	草帽	5 个	18	100 mL 样品瓶	10 个
2	解剖工具	1 套	19	鲁格氏液	1 瓶
3	手术刀片	1 包	20	样品袋	1 包
4	解剖盘	1 个	21	记号笔	1 支
5	2.5 L 采水器	1 个	22	标签纸	2 张
6	浮游植物网 25 号	1 个	23	一次性手套	1 包
7	浮游动物网 13 号	1 个	24	直尺	1 把
8	温度计	1 支	25	载玻片	1 盒
9	pH 试剂盒	1 盒	26	盖玻片	1 盒
10	亚硝酸盐试剂盒	1 盒	27	培养皿	1 个
11	氨氮试剂盒	1 盒	28	pH 试纸	1 盒
12	溶解氧试剂盒	1 盒	29	500 mL 烧杯	1 个
13	密度计	1 支	30	滴管	2 支
14	500 mL 量筒	1 个	31	玻璃棒	1 支
15	卷尺	1 个	32	长镊子	1 把
16	水桶	1 只	33	透明度盘	1 个
17	甲醛（塑料瓶）	1 瓶	34	—	—

共用物品：药品箱 1 个，扩音器 1 个，测深仪 1 个，纱布 1 卷，pH 计 3 个，盐度计 3 个。

组别：　　　　组长：　　　　日期：

附录 3 野外实习记录表格

样品类别	待测项目	保存方法	保存时间	备注
浮游植物（藻类）	定性鉴定定量计数	水样中加入 1%（v/v）鲁哥氏液固定	1 年	需长期保存样品，可按每 100 mL 水样加 4 mL 福尔马林溶液
浮游动物（原生动物、轮虫）	定性鉴定定量计数	水样中约加入 1%（v/v）鲁哥氏液固定	1 年	需长期保存样品，可按每 100 mL 水样加 4 mL 福尔马林溶液
	活体鉴定	最好不加保存剂，有时可加适当麻醉剂（普鲁卡因等）	现场观察	—
浮游动物（枝角类、桡足类）	定性鉴定定量计数	100 mL 水样加 4～5 mL 福尔马林溶液固定后保存	1 年	若要长期保存，在 40 h 后，换用 70% 乙醇溶液保存
底栖无脊椎动物	定性鉴定定量计数	样品在 70% 乙醇溶液或 5% 福尔马林溶液中固定保存	1 年	样品最好先在低浓度固定液中固定，逐次升高固定液浓度，最后保存在 70% 乙醇溶液或 5% 福尔马林溶液中
鱼类	定性鉴定定量计数	将样品用 10% 福尔马林溶液保存	数月	现场鉴定计数

续上表

样品类别	待测项目	保存方法	保存时间	备注
水生维管束植物	定性鉴定 污染物分析	晾干	数月	将定性鉴定的样品尽快晾干，干燥后作为污染物残留分析样品
底栖无脊椎动物鱼类	污染物分析	冷冻	数月	尽快完成分析
浮游生物	污染物分析	冷冻	数月	尽快完成分析
藻类	叶绿素 a	2～5 ℃，每升水样加 1 mL 1% 碳酸镁溶液	24 h	立即分析
废水	毒性测试	密封 1～4 ℃	数小时	应尽快测试
浮游植物	初级生产力	不允许加入保存剂	—	取样后，尽快试验
微生物	细菌总数总大肠菌群数粪性大肠菌数粪链球菌数	1～4 ℃	<6 h	最好在采样后 2 h 内完成接种，并进行培养。如水样含有余氯或重金属含量高，可按 500 mL 样品瓶分别加入 0.3 mL 10% 硫代硫酸钠溶液或 1 mL 15% 乙二胺四乙酸（EDTA）溶液

浮游生物分析记录表

样品来源　　　样品类型　　共　页　第　页

分析项目	采样地点	采样日期月日
属名	数量（个）	指示意义
优势种名		
绝对优势种		
生物密度（个/L）		
结果分析		
备注		

采样现场信息记录表

塘号	塘类型	地点	日期	水	泥	血	肝	肠	盐度	pH	DO	T	Chl a	TDS	ORP	备忘
1																
2																
3																
4																
5																
6																
7																
8																
9																
10																

附录4 海水相对密度与盐度换算表

相对密度	盐度（‰）	相对密度	盐度（‰）	相对密度	盐度（‰）
1.0015	2.00	1.0141	18.44	1.0239	31.26
1.0016	2.03	1.0152	19.89	1.0244	31.98
1.0020	2.56	1.0160	20.97	1.0250	32.74
1.0030	3.87	1.0171	22.41	1.0254	33.26
1.0040	5.17	1.0182	23.86	1.0260	34.04
1.0050	6.49	1.0185	24.22	1.0265	34.70
1.0060	7.79	1.0195	25.48	1.0271	35.35
1.0070	9.11	1.0200	26.20	1.0280	36.65
1.0081	10.42	1.0211	27.65	1.0285	37.30
1.0090	11.73	1.0215	28.19	1.0290	37.95
1.0100	12.85	1.0222	29.09	1.0295	38.60
1.0115	15.01	1.0229	29.97	1.0305	39.90
1.0130	17.00	1.0235	30.72	1.0315	41.20

附录5 养殖调查表

样品编号		采样日期		姓名		联系方式	
采样时间		天气		风向		采样类型	水样 □ 对虾 □ 底质 □
池塘位置		_____市_____镇_____村				经纬度	
池塘类型		池塘面积		池塘水深		池塘水色	
饲料种类（品牌、成分）				①虾料 ②鱼料_____（品种） ③混养料			
采样前_____ 天饲料投喂情况				采样前_____ 天施肥用药情况			
主养品种	放养数量		放养规格		放苗日期		苗种（品牌）
混养品种1	放养数量		放养规格		放苗日期		苗种（品牌）
混养品种2	放养数量		放养规格		放苗日期		苗种（品牌）
混养品种3	放养数量		放养规格		放苗日期		苗种（品牌）
本造是否 ①推塘 ②洗塘							
上造对虾产量情况			后续跟进最终养殖结果		排塘：_____ 产量：_____ （亩产）		
备注							

参 考 文 献

[1] 李太武. 海洋生物学 [M]. 北京：海洋出版社，2013.

[2] CASTRO P, HUBER M E. 海洋生物学 [M]. 北京：北京大学出版社，2011.

[3] CASTRO P, HUBER M E, OBER B. Marine Biology [M]. [S. l.]: McGraw-Hill Higher Education，2004.

[4] 杨德渐，孙世春. 海洋无脊椎动物学 [M]. 青岛：中国海洋大学出版社，1999.

[5] 武汉大学，南京大学，北京师范大学. 普通动物学 [M]. 北京：人民教育出版社，1978.

[6] 陈阅增. 普通生物学 [M]. 北京：高等教育出版社，1997.

[7] 张培军. 海洋生物学 [M]. 济南：山东教育出版社，2009.

[8] 相建海. 海洋生物学 [M]. 北京：科学出版社，2003.

[9] 钱数本，刘东艳，孙军. 海藻学 [M]. 青岛：中国海洋大学出版社，2005.

[10] 梁象秋，方纪祖，杨和荃. 水生生物学（形态和分类）[M]. 北京：中国农业出版社，1997.

[11] 陈阅增. 普通生物学 [M]. 北京：高等教育出版社，1997.

[12] 姜云垒，冯江. 动物学 [M]. 北京：高等教育出版社，2007.

[13] 江静波，等. 无脊椎动物学 [M]. 3版. 北京：高等教育出版社，1995.

[14] 顾宏达. 基础动物学 [M]. 上海：复旦大学出版社，1992.

[15] 杨德渐，孙世春. 海洋无脊椎动物学 [M]. 青岛：中国海洋大学出版社，1999.

[16] 黄鹤忠. 海洋生物学 [M]. 苏州：苏州大学出版社，2000.

[17] 黄宗国. 中国海洋生物种类与分布 [M]. 增订版. 北京：海洋出版社，2008.

[18] 刘瑞玉. 中国海洋生物名录 [M]. 北京：科学出版社，2008.

[19] 黄宗国，林金美. 海洋生物学辞典 [M]. 北京：海洋出版社，2002.

[20] 田清涞，高崇明，曾耀辉，等. 生物学 [M]. 北京：化学工业出版社，1985.

[21] 厦门水产学院. 海洋浮游生物学 [M]. 北京：中国农业出版社，1979.

[22] 蔡英亚. 贝类学概论 [M]. 上海：上海科技出版社，1979.

[23] 戴爱云，杨思谅，宋玉枝，等. 中国海洋蟹类 [M]. 北京：海洋出版社，1986.

[24] 顾福康. 原生动物学概论 [M]. 北京：高等教育出版社，1991.

[25] 堵南山. 甲壳动物学 [M]. 北京：科学出版社，1993.

[26] 白庆笙，王英永，等. 动物学实验 [M]. 北京：高等教育出版社，2007.

[27] 朱莉岩，汤晓荣，刘云，等. 海洋生物学实验 [M]. 青岛：中国海洋大学出版社，2007.